Muthu Kumaran

Implementação VLSI e análise de algoritmos de compressão baseados em blocos

Muthu Kumaran

Implementação VLSI e análise de algoritmos de compressão baseados em blocos

ScienciaScripts

Cover image: www.ingimage.com

This book is a translation from the original published under ISBN 978-3-330-65204-0.

Publisher:
Sciencia Scripts
is a trademark of
Dodo Books Indian Ocean Ltd. and OmniScriptum S.R.L publishing group

120 High Road, East Finchley, London, N2 9ED, United Kingdom
Str. Armeneasca 28/1, office 1, Chisinau MD-2012, Republic of Moldova, Europe
Printed at: see last page
ISBN: 978-620-8-35923-2

IMPLEMENTAÇÃO E ANÁLISE VLSI DE COMPRESSÃO BASEADA EM BLOCOS ALGORITMOS

Dr. N. Muthukumaran, B.E., M.E., Ph.D

Professor,

Departamento de Engenharia Eletrónica e de Comunicações,

Francis Xavier Engineering College,

(Afiliado à AICTE e à Anna University Chennai,

Reconhecido ao abrigo da Secção 2(F), 12(B) da Lei UGC de 1956 e Acreditado pela NBA),

Tirunelveli, Tamilnadu, Índia.

Número de telemóvel: +91 9952203887.

Correio eletrónico: kumaranece@gmail.com

RESUMO

A análise do desempenho das técnicas baseadas no sistema de compressão de imagens sem perdas, rápida e eficiente (FELICS), baseada em VLSI, envolve vários métodos e parâmetros a medir. O algoritmo de compressão baseado em blocos é utilizado para analisar as imagens dentro de cada pixel antes de o espaço de armazenamento ser processado e, por conseguinte, o tamanho da memória ser reduzido. Aqui, os valores diferenciais são captados e quantizados e, em seguida, o esquema de codificação diferencial utiliza o conceito de seleção do pixel mais brilhante como pixel de referência. A diferença entre o pixel mais brilhante e o pixel sucessivo é calculada e quantizada. Assim, o seu alcance é comprimido e a redundância espacial pode ser removida utilizando o algoritmo BBC. Assim, o esquema proposto reduz a acumulação de erros e também reduz a necessidade de memória. Assim, o valor do rácio sinal/ruído de pico pode ser melhorado e o valor de bits por pixel pode ser reduzido. Este esquema é criado para qualquer imagem de entrada e, por conseguinte, a imagem de entrada pode ter qualquer forma. Em seguida, a imagem é convertida em formato binário ou em ficheiro de cabeçalho e estes ficheiros são implementados no Xilinx Platform Studio e analisados.

O objetivo futuro deste módulo é que a qualidade da imagem possa ser melhorada com um valor elevado da relação sinal/ruído de pico, utilizando algumas outras técnicas de compressão. Este método pode ainda ser melhorado através da implementação do kit Field Programmable Gate Array.

ÍNDICE DE CONTEÚDOS

CAPÍTULO 1
INTRODUÇÃO

1.1 INTRODUÇÃO

O conceito de imagem expandiu-se para incluir conjuntos de dados tridimensionais e depois conjuntos de dados tetradimensionais de volume e tempo. As imagens digitais ou analógicas estão geralmente disponíveis na Internet, em discos compactos, em câmaras com dispositivos de carga acoplada e em scanners. Normalmente, as imagens referem-se à função de intensidade bidimensional f(x, y) em que x e y são representados como coordenadas com a direção do brilho desse ponto. Se a imagem for analógica, é primeiro convertida em digital. Uma imagem digital f(x, y) tem sido a representação de uma imagem, e é representada como uma matriz de números. A imagem digital pode ser classificada pelos seus níveis de concentração ou escalas de cinzento que variam entre 0 (preto), que representa o nível de intensidade mais escuro, e 255 (branco), que representa o nível de intensidade mais brilhante. Cada elemento da matriz de imagem é designado por elemento de imagem ou pixel. Um tamanho típico é uma matriz de 512 × 512 que representa 128 níveis de cinzento. Numa imagem a cores, a representação é semelhante, exceto que, em cada posição da matriz, o número representa três cores primárias: vermelho, verde e azul (RGB). No caso de uma representação a cores de 24 bits por pixel, o número é dividido em três segmentos de 8 bits. Cada segmento representa a intensidade de uma das cores primárias. O número de bits utilizados para representar cada pixel determina a forma como as diferentes cores de cinzento podem ser apresentadas. Na técnica de compressão de imagem sem perdas, permite uma renovação exacta do original, mas os CRs alcançáveis situam-se apenas na região de 2:1. O desempenho da abordagem de compressão de imagem proposta é analisado em termos de porta, frequência, ciclos de relógio necessários, potência, taxa de processamento e tempo de processamento.

Neste módulo, as ferramentas de hardware utilizadas são o processador dual core e o kit FPGA Spartan 3 EDK e, em seguida, a ferramenta de software é o sistema operativo Windows 7 e o kit de ferramentas é o MATLAB 7.8 e, finalmente, implementado no Xilinx Platform Studio.

CAPÍTULO 2
MÉTODOS ACTUAIS

Os métodos existentes, nomeadamente a codificação baseada em WBC, JPEG e DCT, são métodos muito antigos que apresentam muitas desvantagens, como a implementação complexa em hardware, o custo elevado e o consumo de energia muito elevado. Para ultrapassar esta situação, é tido em conta o método proposto. De seguida, apresentam-se alguns dos métodos existentes relacionados com este módulo,

2.1 Grupo Conjunto de Peritos em Fotografia

O método de compressão JPEG é capaz de comprimir dados de imagem com um valor de píxeis com uma velocidade e eficiência razoáveis. Não se trata de um algoritmo único e pode ser considerado como um conjunto de ferramentas de métodos de compressão de imagem do utilizador. O algoritmo JPEG produz imagens muito pequenas e comprimidas, mas de má qualidade, pelo que o algoritmo de compressão baseado em blocos é o melhor método para muitas aplicações. O JPEG é a técnica de compressão com perdas, mas aqui discutimos o algoritmo de compressão baseado em blocos para a compressão sem perdas. Utilizando esta técnica, podemos obter uma elevada taxa de compressão e um baixo erro quadrático médio.

2.2 Transformada discreta do cosseno

A DCT é o método para formas de onda representativas como uma soma ponderada de cosseno DCT, que é normalmente utilizada para a compressão de dados. Exprime uma progressão de finitos com muitos dados a diferentes frequências. É uma transformada associada à DCT semelhante à Transformada Discreta de Fourier (DFT). As DCTs correspondem a DFTs operacionais com os valores de entrada. Aqui, os valores dos pixéis da imagem matricial 2D variam entre 0 e 255 valores e entre -128 e +127 valores. Aqui, 0 representa o pixel escuro e 255 representa o pixel mais brilhante. Aqui, os valores dos pixéis são indicados com base no pixel mais brilhante como valor de referência. O principal inconveniente da técnica DCT é o processo de descompressão para obter a imagem original. Neste caso, o processo de descodificação é um pouco complicado, pelo que podemos modificar e melhorar uma nova compressão designada por algoritmo BBC. Utilizando este algoritmo BBC, podemos obter uma taxa de compressão elevada e um MSE baixo.

2.3 Codificação baseada em Wavelet

A codificação baseada em wavelets é a representação de uma função de valor real através de determinadas séries geradas pela wavelet. A codificação baseada em wavelets é adequada para técnicas de compressão de dados e é também compatível com a compressão de imagens, áudio e vídeo. O objetivo da compressão baseada em wavelets é armazenar o máximo possível de dados num único ficheiro. A codificação baseada em wavelets é uma função matemática que divide os dados em diferentes mecanismos de baixa e alta frequência e, em seguida, ajusta cada componente com uma resolução adequada à sua escala. No pedaço de informação, há muitos coeficientes no símbolo de wavelet com valor muito pequeno ou zero. Esta caraterística permite efetuar a compressão dos dados da imagem. Nas famílias de wavelets, existem vários inconvenientes. Um dos mais importantes é o processo simétrico. Para evitar o processo simétrico, podemos utilizar o algoritmo BBC.

CAPÍTULO 3
SISTEMA PROPOSTO

O procedimento do método proposto consiste em recolher a imagem de amostra, que pode estar em qualquer formato de ficheiro, comprimi-la e recuperar a imagem original. Assim, o tamanho da memória necessária seria reduzido. O algoritmo de compressão proposto utiliza o conceito de esquema de codificação diferencial. Neste esquema, há uma acumulação de erros nas arestas vivas da imagem de amostra. Este é um grave inconveniente do esquema de codificação diferencial. Para evitar este erro, o pixel mais brilhante do bloco é tomado como pixel de referência, que é utilizado para codificar os valores. No algoritmo de compressão proposto, a imagem modelo ou de entrada é decomposta em blocos. Dentro de cada bloco, é selecionado o pixel de referência. O pixel de referência é considerado o pixel mais brilhante em que os valores diferenciais são sempre positivos. Os valores diferenciais entre o pixel dentro do bloco e o pixel de referência são calculados. Os valores diferenciais são então quantizados. Como resultado, a memória é comprimida para a gama dinâmica. Para além disso, os valores do grau de diferença são sempre obtidos em relação ao pixel de referência, uma vez que a acumulação de erros é completamente evitada. O método proposto é utilizado para aumentar o valor de PSNR e reduzir o valor de BPP e CR.

3.1 Imagem de amostra

A utilização do sensor de imagem CMOS é negligenciada devido ao seu elevado custo e complexidade. Por conseguinte, a imagem de amostra é tomada como qualquer um dos seguintes formatos de ficheiro. O JPEG (JPG) é um formato normalmente utilizado para guardar fotografias. A qualidade da fotografia é melhor e o tamanho do ficheiro pode ser limitado. O GIF é normalmente utilizado na Internet. Este formato limita o número de tons de cor possíveis na fotografia a 256. É frequentemente utilizado para logótipos, ícones ou fotografias a preto e branco e a sua qualidade é inferior. TIFF é um formato frequentemente utilizado para fotografias de alta qualidade. É utilizado em scanners, câmaras digitais e impressoras. Dada a qualidade superior da imagem, o tamanho do ficheiro é também muito grande. PNG é um formato de ficheiro semelhante ao GIF. Os tons de cor não estão limitados a 256. A desvantagem deste tipo de ficheiro é o seu tamanho, que é geralmente muito elevado. A imagem de ficheiro JPEG é calculada para comprimir também imagens a cores ou em escala de cinzentos. As imagens fotográficas são melhor armazenadas num formato JPEG sem perdas. Existem vários tipos de transformação no algoritmo de compressão e descompressão de imagens JPEG utilizado atualmente. O formato de ficheiro TIFF é uma norma de ficheiro comummente aceite. O TIFF é um formato de ficheiro elástico. Normalmente, o formato de ficheiro TIFF é de 8 bits ou 16 bits para imagens a cinzento e a cores, nomeadamente RGB para 24 bits ou 48 bits.

3.2 Compressão

A compressão está a tornar-se importante para o vídeo, o áudio e a vulgar compressão de imagens sem movimento é a função da compressão de dados em imagens digitais. O objetivo é diminuir a informação dos dados da imagem, a fim de armazenar ou transmitir dados de uma forma bem organizada. Há uma variedade de algoritmos de compressão de imagem propostos e estabelecidos como normas, tais como as normas do grupo conjunto de peritos em fotografia, a codificação baseada em DCT e a codificação baseada em wavelets. A aquisição compressiva consiste em comprimir a imagem durante a aquisição, o que é efectuado por um algoritmo de compressão baseado em blocos.

3.3 Quantização

Normalmente, a quantização é o processo de mapeamento de grandes valores de entrada para um pequeno conjunto de valores de arredondamento. Assim, a função do dispositivo de quantização que executa reduz a incorreção do valor de saída no lado do recetor. Neste tipo de processo, pode ocorrer um erro, que se designa por erro de arredondamento. A quantização é utilizada para transformar uma imagem de taxa de bits inferior num valor de taxa de bits superior. Esta técnica está presente em todas as imagens digitais em formato digital. As técnicas de quantização são normalmente utilizadas sob a forma de técnicas com e sem perdas para os algoritmos de compressão. A quantização dos valores de saída pode ser fixa ou ter inúmeros valores, pelo que, com base nos valores de quantização, são definidos os valores de entrada e de saída.

3.4 Redundância espacial

Um elemento que é duplicado dentro de uma estrutura, como os pixels numa imagem fixa e os padrões de bits num ficheiro, é conhecido como redundância espacial. O sinal analógico é primeiro quantizado e, em seguida, os sinais quantizados são digitalizados antes de serem armazenados numa memória de fase de pixel. Em seguida, os dados digitais passam pelo processo de compressão da imagem para reduzir a quantidade de dados a transmitir em permanência. Normalmente, uma caraterística do fluxo de sinal é descrita por três passos básicos, nomeadamente a captura, o armazenamento e a compressão. Isto consome muito espaço de memória. A questão da elevada necessidade de armazenamento é proposta através da compressão dos dados durante o processo de captação de imagens.

CAPÍTULO 4
EXPLICAÇÃO DO ALGORITMO DE COMPRESSÃO POR BLOCOS

Nos algoritmos de compressão baseados em blocos, o tamanho do bloco de uma imagem é atribuído a partir da imagem original. A escolha do tamanho do bloco deve ser bem informada, de modo a obter o melhor equilíbrio entre a qualidade da imagem e a compressão. Inicialmente, a imagem à escala de cinzentos é tomada como entrada e é feita a inicialização do tamanho da imagem. Como o tamanho da imagem de entrada não é múltiplo do tamanho do bloco, a imagem é redimensionada e são obtidas novas dimensões das imagens de entrada. O número de blocos não sobrepostos é calculado separando o tamanho total de uma imagem de entrada pelo tamanho do bloco. A matriz lógica pode ser obtida a partir da condição do valor médio. Se a média calculada for superior ao valor do bloco atual, o valor lógico "1" substitui o valor original do bloco atual e se a média calculada for inferior ao valor do bloco atual, o valor lógico "0" substitui o valor original do bloco atual. A partir daí, os 1's lógicos são considerados K.

Em segundo lugar, se a imagem de entrada for considerada uma imagem a cores, é constituída por três componentes principais, nomeadamente as cores vermelha, verde e azul. Nesta secção, a componente vermelha é designada por 1, a verde por 2 e a azul por 3. Os passos são os mesmos que os seguidos na imagem à escala de cinzentos. Assim, é possível obter um valor PSNR em que o componente verde tem um valor PSNR elevado quando comparado com os componentes vermelho e azul. Por fim, os valores CR e BPP podem ser calculados tanto para a imagem à escala de cinzentos como para a imagem a cores.

4.1 Bits por pixel

A quantidade de bits em sequência a armazenar num valor de pixel de teste numa imagem é designada por bit por pixel. Em geral, o tamanho de uma imagem é de 24 BPP e é definido como a imagem de 24 bits por pixel, podendo ser uma imagem a cores ou em escala de cinzentos. Normalmente, um maior número de imagens de cores de diferentes tamanhos pode ser representado por 24 bits e, em seguida, a cor principal dos valores RGB com 8 bits para cada um.

4.2 Rácio sinal/ruído de pico

O efeito da descompressão dos dados codificados na imagem comprimida é uma explicação da relação sinal/ruído de pico. A PSNR é facilmente medida utilizando a quantidade relativa entre o sinal e a potência da imagem. Em geral, muitos sinais têm uma gama muito ampla de PSNR e, normalmente, uma gama elevada de valores PSNR indica a reconstrução de uma imagem de alta qualidade.

CAPÍTULO 5
MOTIVAÇÃO

Os métodos existentes, nomeadamente a codificação baseada em WBC, JPEG e DCT, são métodos antigos que têm muitas desvantagens, como a implementação complexa em hardware, o custo elevado e o consumo de energia muito elevado. Para ultrapassar este problema, o método proposto é tido em conta.

Os módulos da BBC consistem em atrair uma imagem de entrada de amostra, que pode estar em qualquer formato de ficheiro, comprimi-la e recuperar a imagem original. Assim, o tamanho da memória necessária seria reduzido. O algoritmo de compressão proposto utiliza o conceito de esquema de codificação diferencial. Neste esquema, há uma acumulação de erros nas arestas vivas da imagem de amostra. Este é um grave inconveniente do esquema de codificação diferencial. Para evitar a acumulação de erros, o pixel mais brilhante do bloco é tomado como valor de referência. No algoritmo de compressão BBC, a imagem de entrada, a cores ou à escala de cinzentos, é decomposta em blocos e, em cada bloco, é escolhido o ponto do pixel de referência. O pixel de referência é considerado o pixel mais brilhante em que os valores diferenciais são sempre positivos. São calculados os valores diferenciais entre o pixel do bloco e o pixel de referência. Os valores diferenciais são então quantizados e a memória é comprimida para a gama dinâmica. Além disso, os valores do grau de diferença são sempre obtidos em relação ao pixel de orientação, pelo que se evita a acumulação de erros durante todo o tempo. O algoritmo BBC é utilizado para aumentar a importância do PSNR e reduzir o valor do BPP e do CR.

CAPÍTULO 6
OBJECTIVO

O objetivo dos módulos de compressão de imagem baseados na BBC é diminuir o número de bits necessários para armazenar e transmitir imagens sem qualquer perda considerável de informação. Em larga escala, o registo de imagens digitais requer uma grande memória. Por conseguinte, quanto maior for o tamanho de uma determinada imagem, maior será o espaço de memória necessário. No passado, a maioria das imagens continha fotocópias ou dados duplicados com ruído. Existem duas partes de dados duplicados na imagem. A primeira é a sobrevivência de um pixel que tem a concentração equivalente à dos seus pixels vizinhos. Por conseguinte, estes pixéis duplicados utilizam indevidamente mais espaço de armazenamento no sistema. Outro ponto de vista é que a imagem pode conter muitas secções repetidas. Estas secções correspondentes não precisam de ser codificadas muitas vezes para evitar redundâncias e a compressão de imagens é utilizada para reduzir as limitações de memória na representação de uma imagem digital. A norma geral utilizada na compressão de imagens consiste em diminuir a informação contida na imagem, de modo a que a memória de armazenamento essencial para a representar seja inferior à da imagem original.

De um modo geral, a compressão é importante porque existem grandes quantidades de imagens que podem ser transmitidas e armazenadas. Uma vez comprimida para efeitos de armazenamento, a imagem tem de ser descomprimida para utilização, através do inverso das operações de compressão. Com base no esquema de compressão, este pode ser de dois tipos. O primeiro é a compressão de imagens com perdas e a compressão de imagens sem perdas. Os métodos de compressão com perdas são adequados para a compressão de baixa taxa de bits. Os principais parâmetros da técnica de compressão com perdas são o CR e o PSNR. Aqui, o PSNR baseia-se no MSE da imagem processada com a imagem original. A compressão sem perdas é melhorada do que a compressão com perdas e, neste sistema de compressão de imagens sem perdas, o tempo em que a imagem é comprimida e descomprimida decide que a imagem descomprimida corresponde perfeitamente à imagem original. O método de compressão de imagem sem perdas pode também ser preferido no domínio da imagem médica, da compressão de dados e do desenho técnico.

CAPÍTULO 7
ALGORITMOS DE COMPRESSÃO BASEADOS EM BLOCOS

7.1 Introdução aos algoritmos de compressão baseados em blocos

A conceção fundamental que segue a realização compressiva do algoritmo BBC é utilizada para comprimir a imagem antes do processo de armazenamento posterior. Assim, este processo combina a captura de imagens com a compressão, o que permite a utilização eficiente da memória de píxeis de nível superior. A compressão da imagem é gradualmente mais atractiva numa das operações de processamento mais importantes. Em geral, a imagem é obtida a partir do ficheiro de imagem, que é conhecido como imagem de amostra, e comprimida por um esquema de codificação diferencial baseado em blocos. Assim, a imagem comprimida é armazenada numa memória intermédia para os processos posteriores e o processo de descompressão é efectuado para recuperar a imagem original.

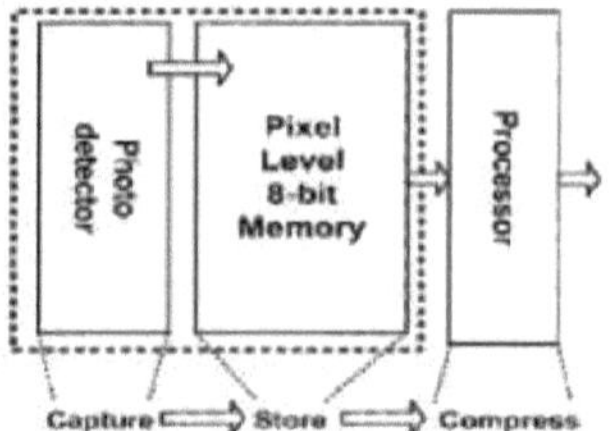

Figura 1 Arquitetura de pixéis utilizando a conceção habitual

A figura 1 mostra a conceção habitual, que explica o processo de captação da imagem através do detetor de fotografias e, em seguida, a imagem captada é armazenada na memória ao nível dos píxeis, seguindo-se o procedimento de compressão que é efectuado nos processos seguintes. A técnica de modificação proposta explica o processo de captação da imagem utilizando o detetor de fotografias e, em seguida, a imagem captada é comprimida no mesmo processador e a imagem comprimida é armazenada na memória ao nível dos pixels. O processo é o seguinte: primeiro, o sinal analógico é convertido e, em seguida, este sinal é quantizado e digitalizado antes de ser armazenado numa memória de nível de pixel. Em seguida, os dados passam pelo processo de compressão, diminuindo a quantidade de informação transmitida. Normalmente, um fluxo de sinal típico é representado por três passos básicos: captura, armazenamento e compressão. Esta é a conceção habitual que consome muito espaço de memória de armazenamento. Para resolver este problema, propomos um sistema de compressão dos dados durante a captura de imagens que exige um elevado requisito de armazenamento.

Neste módulo, o método proposto utiliza o conceito de algoritmo BBC, no qual é utilizado o esquema de codificação diferencial. O algoritmo de compressão tenta eliminar as redundâncias espaciais e temporais. O esquema de codificação diferencial tem a vantagem de reduzir as gamas dinâmicas e de permitir a utilização de um número reduzido de bits de informação. A redundância espacial é definida como elementos que estão duplicados na estrutura e, em seguida, os dados passam pelo processo de compressão da imagem para diminuir a quantidade de informação de dados a transmitir.

Por conseguinte, o esquema de codificação diferencial tem o inconveniente de acumular erros devido às arestas vivas da imagem. Por conseguinte, para ultrapassar esta dificuldade de acumulação de erros no esquema de codificação diferencial, os pixéis de referência com precisão total são utilizados para codificar o valor absoluto em vez dos dados diferenciais. Por conseguinte, é utilizado o esquema BBC. Em cada bloco, um único pixel é utilizado como pixel de referência M(i). Os valores diferenciais entre os valores do pixel seguinte I(i, j) dentro do bloco e o valor do pixel de referência são calculados como D(i, j) e quantizados, o que é denotado ao mesmo tempo como D^(i, j). Nesta altura, podemos selecionar o pixel de orientação que será o valor de pixel mais brilhante dentro do bloco de imagem. Ao mesmo tempo, a imagem com os valores de codificação diferenciais é obtida até ao final do tempo em relação aos valores de pixel de referência única e, finalmente, a acumulação de sinal de erro é totalmente evitada.

7.2 Explicação do algoritmo de compressão baseado em blocos

No algoritmo BBC, o tamanho do bloco de uma imagem é atribuído à opção de tamanho do bloco que tem de ser conhecida, de modo a obter a melhor estabilidade entre a qualidade da imagem e a compressão. Inicialmente, a imagem à escala de cinzentos é tomada como entrada e é feita a inicialização do tamanho da imagem. Quando a dimensão da imagem de entrada é alterada, a imagem é redimensionada e são obtidas novas dimensões da imagem de entrada. O número de blocos não sobrepostos é calculado separando a dimensão total de uma imagem de entrada pelo tamanho do bloco que é atribuído. Se os fotogramas forem separados em blocos não sobrepostos, cada bloco é comparado com o fotograma anterior.

O bloco atual é atribuído a partir da saída dos blocos não sobrepostos, que é tomada em forma de matriz. Em seguida, pode ser calculada a média do nível de cinzento do bloco atual. A matriz lógica pode ser obtida a partir da condição do valor médio. Se a média calculada for superior ao valor do bloco em curso, o valor lógico 1 substitui o valor original do bloco atual e se a média calculada for inferior ao valor do bloco atual, o valor lógico 0 substitui o valor original do bloco atual, uma vez que os 1's lógicos são considerados K. Aqui, obtêm-se os dados comprimidos que correspondem à imagem de entrada, seguidos da descompressão da imagem. Depois disso, a matriz lógica pode ser visualizada. O processo é seguido pelo cálculo do valor PSNR da imagem comprimida a partir do MSE.

Em segundo lugar, a entrada é considerada uma imagem a cores que consiste em três componentes: vermelho, verde e azul. Neste caso, a componente vermelha é indicada como 1, a verde como 2 e a azul como 3. Os passos são os mesmos que os seguidos para a imagem à escala de cinzentos. Assim, é possível obter um valor PSNR em que o componente verde tem um valor PSNR elevado quando comparado com o componente vermelho e azul. Finalmente, os valores CR e BPP podem ser calculados tanto para a imagem à escala de cinzentos como para a imagem a cores. Após a medição do valor dos parâmetros da imagem, vamos implementar essa imagem comprimida no kit FPGA Spartan 3 EDK. Antes de proceder à implementação, as imagens comprimidas acima referidas são convertidas para o formato de ficheiro de texto ou de ficheiro de bits utilizando o MATLAB, porque não é possível implementar diretamente a imagem no Xilinx platform studio. Estes pormenores de implementação são discutidos e os parâmetros são medidos no resto deste capítulo.

CAPÍTULO 8
IMPLEMENTAÇÕES

As implementações do XILINX Platform Studio (XPS) são utilizadas para desenvolver projectos de sistemas baseados no Embedded Development Kit. Os projectistas utilizam o XPS para configurar e construir um requisito de hardware dos seus sistemas incorporados. O XPS converte o requisito de local de visualização do designer numa justificação de nível de transferência de registo (RTL). A linguagem de descrição de hardware Verilog ou VHSIC (VHDL) escreve um conjunto de scripts para automatizar a implementação desde o RTL inicial até ao pequeno ficheiro de fluxo. Em seguida, o limite XPS é o equipamento utilizado ao longo de toda a secção do fluxo de conceção. A linguagem de descrição do hardware VHDL é utilizada no processo de conceção de circuitos em tempo real para sinais digitais, como FPGA e IC.

8.1 Processo das ferramentas XPS

As etapas do processo XPS são as seguintes

i. Desenvolvimento do hardware do processador
ii. Geração de ficheiros de verificação
iii. Conceção Implementação
iv. Configuração do dispositivo

As janelas principais da XPS estão divididas em três áreas

i. Área de informações do projeto e separadores do catálogo IP do projeto
ii. Vista da montagem do sistema
iii. Janela da consola

Tem rótulos para identificar os seguintes domínios

i. Painel de conetividade
ii. Ver botões
iii. Painel de filtros

As ferramentas XPS são,

i. Ferramenta de criação de plataformas - PLATGEN
ii. Ferramenta de geração de modelos de simulação - SIMGEN

8.2 Técnicas portuárias

As técnicas de portas estão envolvidas na interface entre o sistema e o kit FPGA. Existem dois tipos de portas, que são discutidos a seguir. Um é a porta de série e o outro é a porta paralela. A porta série é a ligação em série da técnica de porta de um terminal a outro terminal. O verdadeiro problema da porta série é a largura de banda e a limitação da ligação das portas. A porta de série é a mais lenta do grupo em comparação com a porta paralela. As ligações das portas paralelas são fáceis e mais rápidas do que as das portas de série. A desvantagem da porta paralela é o facto de necessitar de um número adicional de linhas de transmissão, pelo que as portas paralelas não são utilizadas a longa distância. Normalmente, nas portas de série existem duas linhas de dados, uma de transmissão e outra de receção.

8.3 Spartan 3 EDK

O Spartan 3 EDK é o kit de análise e visualização de parâmetros VLSI e o seu baixo custo para séries de fabrico com processos avançados de novas tecnologias de desenvolvimento. É utilizado para distribuir um maior número de portas do sistema e uma plataforma flexível de entrada e saída da arquitetura FPGA com o funcionamento da porta lógica. Os projectistas de projectos de portas lógicas podem deparar-se com a dificuldade universal de aumentar a funcionalidade do projeto ao mesmo tempo que minimizam os custos do dispositivo, o que constitui a introdução geral do Spartan. Para efeitos de visualização, é oferecida a família FPGA Spartan 3E e a descrição da plataforma que se procurava ideal para projectos de lógica programável de portas. As várias caraterísticas principais, os pormenores do kit e as ligações de software de apoio são discutidos mais adiante.

8.3.1 Principais caraterísticas do Spartan 3 EDK

As principais caraterísticas do kit Spartan 3 EDK são geralmente os vários tipos de caraterísticas envolvidas.

i. 2 n.ºs de ecrã de sete segmentos
ii. Interface de teclado de matriz de 2 × 2 n.ºs
iii. Cabo da porta de série RS-232
iv. 8 n.ºs de entradas digitais
v. 8 n.ºs de saídas de LEDs digitais
vi. 2 × 16 n.ºs de caracteres Interface LCD
vii. Interface VGA (Video Graphics Array)
viii. Fonte de relógio do oscilador de cristal de 50 MHz
ix. Ligação integrada Serviço de reguladores de 5V, 3,3V, 1,2V

8.3.2 Detalhes do kit Spartan 3 EDK

A descrição pormenorizada do kit Spartan 3 EDK é a seguinte

i. Adaptador de corrente
ii. Programador JTAG paralelo
iii. Ligação do cabo RS 232
iv. Dispositivos : XC3S200 (FPGA Spartan 3)
v. Relógio: 50MHz em cristal de bordo

8.3.3 Benefícios e software de apoio

As vantagens e o software de apoio do kit Spartan 3 EDK são

i. Suporta VHDL.
ii. Programação JTAG e depuração da ligação.
iii. Xilinx ISE e Xilinx EDK.

CAPÍTULO 9
RESULTADOS E DISCUSSÃO

9.1 Imagem de entrada

No algoritmo BBC, a imagem fixa de amostra é tomada como imagem de entrada. A imagem de entrada pode ser de qualquer tamanho e em qualquer formato de ficheiro, como GIFF, TIFF, JPEG e PNG. Neste módulo de investigação, a imagem de entrada original é guardada no formato de ficheiro JPEG. Nesta secção de entrada, pode ser utilizada uma variedade de tamanhos de imagens. Neste processo, o tamanho da imagem de entrada é escolhido como imagem a cores de 1024 × 1024 pixéis. Se a imagem de entrada for uma imagem RGB, é primeiro convertida numa imagem à escala de cinzentos e só depois podemos comprimir essa imagem e implementá-la no kit.

Figure 2 **Imagem de entrada**

A Figura 2 acima mostra a imagem de entrada. A imagem de entrada pode ser de escala de cinzentos ou de imagem RGB (Red, Green, Blue). Se a imagem de entrada for uma imagem a cores, é primeiro convertida em imagem a cinzento. Em geral, uma imagem RGB pode ter três cores principais, como o vermelho, o verde e o azul. Isto é refletido pelo olho humano e, se uma imagem a cores tiver 24 bits, cada canal tem 8 bits e cada imagem pode armazenar o valor dos pixels entre 0 e 255. A imagem de amostra é mostrada utilizando o comando "imshow". Em seguida, a imagem é armazenada como pixel no formato de matriz.

9.2 Matriz lógica

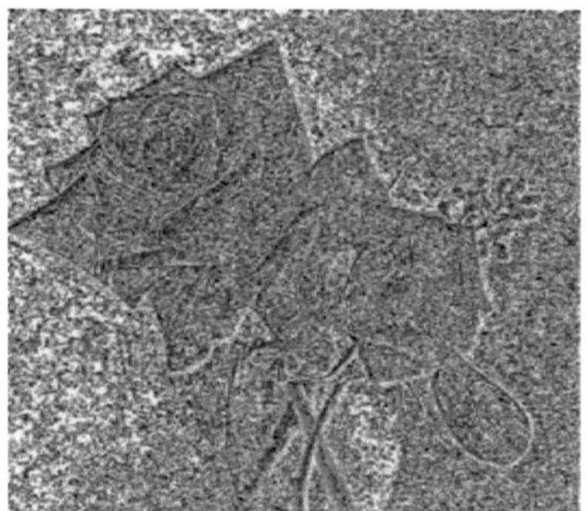

Figure 3 **Matriz lógica**

A Figura 3 mostra a matriz lógica da imagem de entrada. A matriz lógica tem os valores de 0 e 1. Uma vez que a imagem não é adequada para o processo de compressão, a imagem é convertida em dados lógicos e é adequada para esse processo.

9.3 Imagem comprimida

A imagem de entrada original é comprimida utilizando o algoritmo BBC. O bloco de exemplo de dimensão 4 × 4 é retirado aleatoriamente da matriz lógica. Um único bloco é retirado da seguinte forma

$$\begin{pmatrix} 248 & 248 & 249 & 250 \\ 248 & 247 & 248 & 249 \\ 248 & 247 & 247 & 248 \\ 248 & 247 & 247 & 247 \end{pmatrix}$$

A partir do bloco de exemplo, o pixel de referência que tem o maior valor é escolhido como o pixel mais brilhante. O pixel mais brilhante é apresentado a seguir. Píxel mais brilhante = 250. Neste caso, temos a análise da diferença entre a taxa do pixel mais brilhante e a taxa do pixel adjacente, como pretendido. Por conseguinte, os valores diferenciais são calculados da seguinte forma

Γ²	2	1	01
2	3	2	1
2	3	3	2
2 K	3	3	3 >

Para o bloco de exemplo, o valor médio é calculado adicionando os pixels individuais e dividindo a soma pelo número total de valores de pixels. Assim, o valor médio é calculado como Média = 247,8750. A partir do cálculo do valor médio, o bloco de exemplo é convertido em valor binário, de modo a que o valor superior ou igual à média seja indicado como verdadeiro (1's lógicos) e o valor inferior à média seja falso (0's lógicos). A matriz resultante é apresentada a seguir e a soma dos valores verdadeiros (1 lógico) é calculada como valor K, que é igual a 10.

9.4 Saída comprimida

Γ verdadeiro	verdadeiro	verdadeiro	verdadeiro 1
verdadeiro	falso	verdadeiro	verdadeiro
verdadeiro	falso	falso	verdadeiro
K verdadeiro	falso	falso	falso J

Figura 4 Imagem comprimida

Figura 5 Matriz lógica comprimida

A figura 4 mostra a saída comprimida que é obtida abaixo com o tamanho de 256 × 256 a partir do tamanho da imagem original de 1024 × 1024. A imagem comprimida é então convertida em valores matriciais lógicos para recuperar a imagem original. A memória da imagem original é de 20,97,152 e a memória da imagem comprimida é de 5,24,288. A partir da memória, são calculados os valores CR e BPP. CR = 0,0208 e BPP = 0,5000. Para uma imagem de boa qualidade, o valor PSNR deve ser elevado. A Figura 5 mostra a saída da matriz lógica comprimida.

9.5 Imagem descomprimida

A imagem comprimida obtida não é adequada para o processo geral. Assim, a descompressão dessa imagem é efectuada para recuperar a imagem original. Assim, a imagem descomprimida é a forma recuperada da imagem original e é obtida no tamanho de 1024 × 1024. A figura 6 mostra a imagem descomprimida, que tem a mesma qualidade que a imagem original de entrada, sem qualquer perda de sequência. Para uma imagem de boa qualidade, o valor PSNR será elevado e o valor BPP será baixo.

Figura 6 Imagem descomprimida

9.6 Valores de saída da PSNR

Os valores PSNR para a imagem descomprimida são obtidos como 48,6083 dB para a componente vermelha, 48,3268 dB para a componente verde e 47,7463 dB para a componente azul, conforme representado na Figura 7.

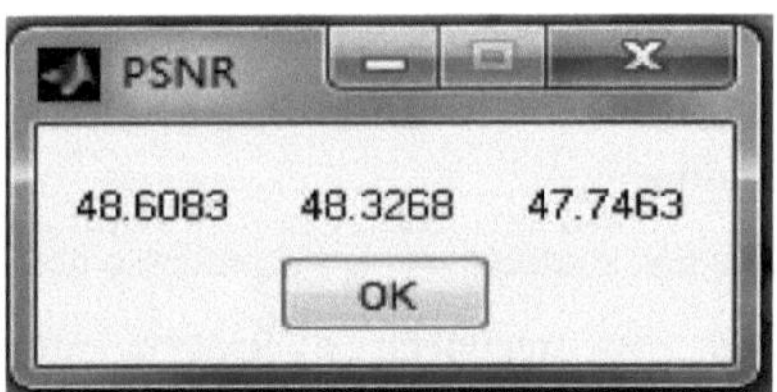

Figura 7 Valores de saída da PSNR

9.7 Valor de saída do rácio de compressão

A figura 8 é representada como o valor de saída de CR. O rácio entre a memória da imagem comprimida (tamanho comprimido) e a memória da imagem original (tamanho não comprimido). Neste caso, o valor de CR é 0,041667.

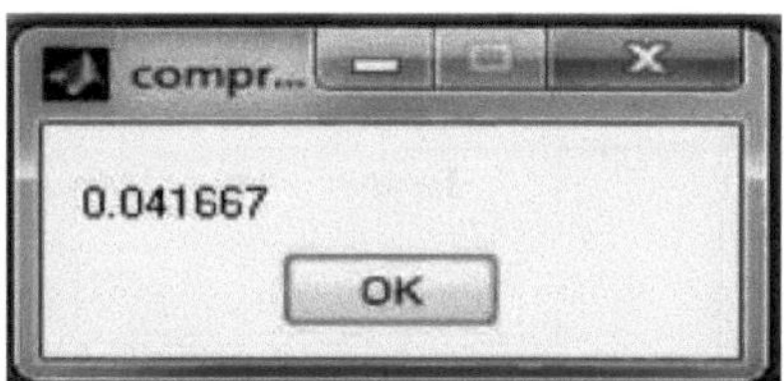

Figura 8 Valor de saída de CR

9.8 Valor de saída da BPP

A figura 9 é representada como o valor de saída de Bit Per Pixel (BPP). Aqui, o valor BPP é obtido como 1 para o tamanho de bloco de 4 × 4.

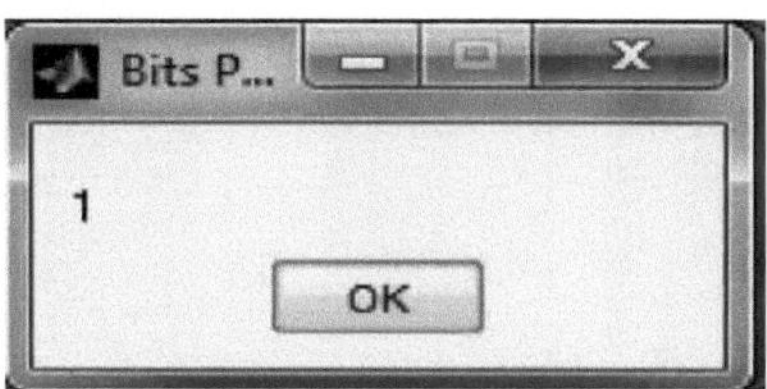

Figura 9 Valor de saída da BPP

9.9 Análise de comparação para várias imagens de tamanho de bloco

Tabela 1 Comparação para vários tamanhos de bloco

Tamanho do bloco	Valores PSNR			CR	BPP
	Vermelho	Verde	Azul		
2 × 2	54.6059	53.2721	52.7109	4	0.166670
4 × 4	48.6083	48.3268	47.7463	1	0.041667
8 × 8	45.8122	46.0519	41.4115	0.25002	0.010417

Tabela 2 Comparação de diferentes tamanhos de imagens

Image size	Input image	Compressed Image	Logical Data	Decompressed Image
1024 × 1024				
512 × 512			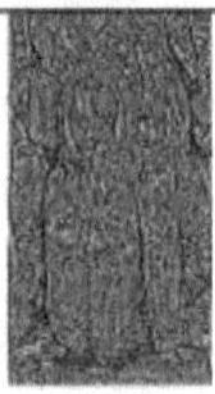	
256 × 256		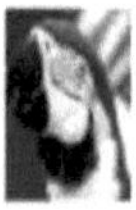		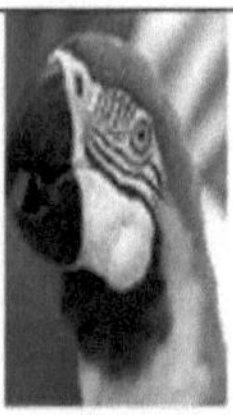

Tabela 3 Comparação de PSNR, CR e BPP

Tamanho da imagem	Valores PSNR			CR	BPP
	Vermelho	Verde	Azul		
1024 ×1024	48.6083	48.3268	47.7463	1	0.041667
512 × 512	43.3912	42.5526	42.8343	0.041669	1.0001
256 × 256	40.68	40.9171	40.6213	0.041681	1.0003

Quadro 4 Análise comparativa do método atual e do método proposto

Métodos	PSNR	BPP
Método atual	30 dB	1.5
Método proposto	48 dB	1.0

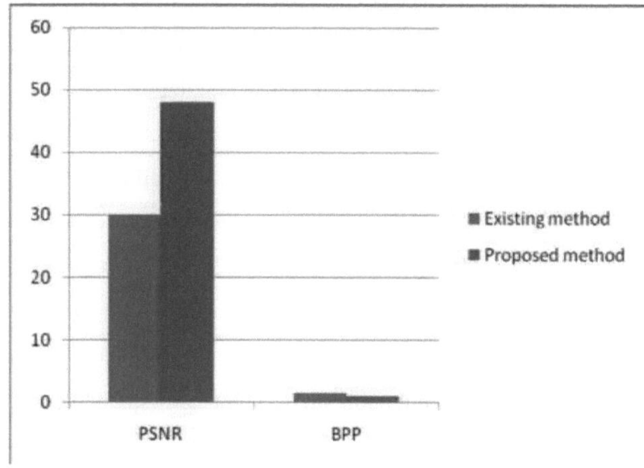

Figura 10 Gráfico de barras do método atual e do método proposto

A Tabela 1 mostra os valores PSNR para os componentes vermelho, verde e azul, os valores CR e BPP para vários tamanhos de bloco, como 2 × 2, 4 × 4 e 8 × 8. Para o tamanho de bloco 2 × 2, o valor PSNR é elevado, mas a qualidade da imagem é baixa. Para o tamanho de bloco 8 × 8, a imagem é de boa qualidade, mas tem um valor PSNR baixo. Para o tamanho de bloco 4 × 4, a qualidade da imagem será melhor, com um valor PSNR elevado. Por conseguinte, o tamanho de bloco 4 × 4 é escolhido para obter melhores resultados.

O quadro 2 mostra a comparação de diferentes tamanhos de imagem, como 1024 × 1024, 512 × 512, 256 × 256, e a respectiva imagem descomprimida. O quadro 3 mostra a comparação dos valores PSNR, CR e BPP para uma variedade de tamanhos de imagem, como 1024 × 1024, 512 × 512, 256 × 256. Para o tamanho de imagem 1024 × 1024, o valor PSNR é elevado. Isto resulta numa menor necessidade de memória. Para a imagem de tamanho 512 × 512, o valor PSNR torna-se baixo com o aumento do BPP. Para o tamanho de imagem 256 × 256, o valor PSNR torna-se muito baixo com o aumento do valor BPP, quando comparado com os outros dois tamanhos de imagem. Para a imagem RGB, os valores PSNR são obtidos para os componentes vermelho, verde e azul. Para a imagem em escala de cinzentos, o valor PSNR é obtido para um único componente.

A Tabela 4 mostra que a memória de armazenamento é reduzida a uma grande quantidade. A PSNR é definida ao mesmo tempo como a potência relativa entre o sinal de pico e o valor do ruído infetado da imagem. Espera-se que a PSNR tenha um valor elevado. Espera-se que o BPP tenha um valor baixo. Como resultado, a memória de armazenamento é reduzida em grande medida. Aqui, os valores PSNR e BPP são obtidos como 30 dB e 1,5 BPP nos métodos existentes. Mas no nosso método BBC, o valor PSNR é melhorado para 48 dB e o valor BPP é reduzido para 1 BPP. Isto permite poupar mais de 75% de memória.

A figura 10 mostra a representação em gráfico de barras das técnicas existentes e do método proposto. A figura 11 mostra a conversão em formato binário ou ficheiro de texto (ficheiro Header) do Xilinx Platform Studio. Este ficheiro é criado para uma determinada imagem de entrada. Assim, a imagem de entrada pode ter qualquer forma ou mostrar qualquer valor de pixel da imagem. A figura 12 mostra o Spartan 3 EDK sem porta ligada. Na figura 13, o ficheiro de conversão está ligado ao kit Spartan FPGA com componentes-chave como o oscilador, as portas série e paralela, o botão de reset e duas SRAM 256 × 256 × 16k. Aqui, podemos ligar as portas ligadas a JTAG e USB às portas de série. Depois de a ligação das portas estar definida para análise, o desempenho da abordagem proposta para a compressão de imagens baseada no algoritmo BBC é analisado em termos de porta, ciclos de relógio necessários, potência, taxa de processamento e tempo de processamento.

9.10 Análise de implementação e desempenho da plataforma Xilinx

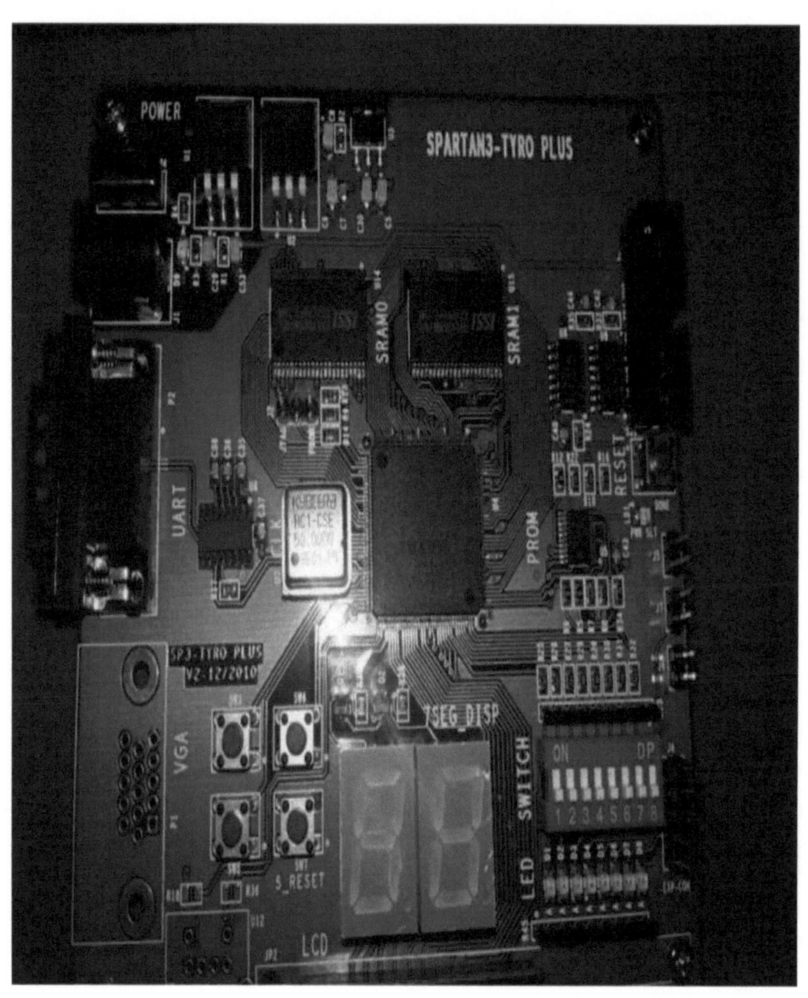
POWER
SPARTAN3-TYRO PLUS
SRAM0
SRAM1
UART
PROM
RESET
SP3-TYRO PLUS
V2-12/2010
VGA
7SEG_DISP
SWITCH
ON
DP
1 2 3 4 5 6 7 8
LED
S_RESET
LCD

Figura 13 Spartan 3 EDK com portas conectadas

Esta divisão de implementação do kit baseada em simulação descreve a análise de desempenho da abordagem de compressão de imagem proposta com base no algoritmo BBC. Neste domínio, o quadro 5 descreve o resumo da conceção da unidade de identificação do CI, com os vários parâmetros utilizados e disponíveis e as percentagens utilizadas. Neste caso, efectuámos a análise do desempenho da arquitetura proposta com três imagens de tamanhos diferentes, 256 × 256, 512 × 512 e 1024 × 1024.

A Tabela 6 mostra a tabela de especificações do kit Spartan 3 EDK com todos os passos envolvidos no processamento posterior. Aqui, informámos claramente todos os especificação, frequência de funcionamento, tempo de processamento, registos, detalhes de alimentação, utilização de dispositivos e parâmetros e, por fim, são indicados todos os valores medidos.

O desempenho da abordagem de compressão de imagem proposta é analisado com o tempo de processamento apresentado na Tabela 7. Quando o tamanho da imagem é alterado para um valor maior, cada módulo demora mais tempo a concluir o processo. No mesmo conceito, podemos analisar os diferentes tamanhos de imagem, que demoram tempos diferentes na unidade de segundos. Para além disso, o tempo de processamento necessário para concluir o processo não varia significativamente entre os diferentes módulos.

A Tabela 8 mostra a análise de desempenho dos ciclos de relógio de imagens de vários tamanhos. O número de ciclos de relógio varia consoante o tamanho das imagens de entrada. Quando o tamanho da imagem de entrada é maior, a abordagem necessita de um maior número de ciclos de relógio para efetuar o processo. No entanto, na Tabela 9, que tem a potência como parâmetro, podemos ver que não há qualquer variação em função do tamanho da imagem ou do módulo. Assim, podemos concluir que a potência não varia consoante as imagens ou os tamanhos das imagens.

Da mesma forma, a taxa de processamento de cada módulo mostrada na Tabela 10 fornece resultados semelhantes. O número de portas necessárias para cada módulo da abordagem proposta é apresentado na Tabela 11, na qual identificamos que a necessidade de portas não varia com base no tamanho da imagem.

Quadro 5 Resumo da conceção da unidade de identificação IC

Particularidades	Disponível	Usado	Utilização
Número de LUTs de 4 entradas	7,168	75	1%
Número de fatias ocupadas	3,584	39	1%
Número de E/S ligadas	97	47	48%
Chinelos	28,672	2,194	7%
Número de E/S múltiplas	16	1	6%
Número de relógios globais	8	1	11%

Quadro 1.6 Quadro de especificações

Sl. Não	Conteúdo	Especificação
1	Processador	Micro Blaze(4.00a)
2	Fonte de alimentação	5V
3	Atual	1-1.3A
4	Porta série	UART
5	Porta paralela	JTAG
6	Taxa de transmissão	9600
7	SRAM	256 × 32k
8	Frequência do relógio	50 MHz
9	Fluxo de bits Tempo	5 segundos
10	Memória no chip	8KB
11	Memória fora do chip	1MB
12	Número de registos	32 registos por RAM LUT de 32 bits

Tabela 7 Desempenho em termos de tempo de processamento

Tamanho da imagem	Número de tempo de processamento necessário (segundos)			
	Módulo DCT	Módulo JPEG	Módulo de leucócitos	Algoritmo proposto para a BBC
1024 ×1024	16.7772	16.7772	16.7772	16.7772
512 × 512	4.1943	4.1943	4.1943	4.1943
256 × 256	1.0486	1.0486	1.0486	1.0486

Tabela 8 Desempenho em termos de ciclos de relógio

Tamanho da imagem	Número de ciclos de relógio necessários			
	Módulo DCT	Módulo JPEG	Módulo de leucócitos	Algoritmo proposto para a BBC
1024 × 1024	1,67,77,216	1,67,77,216	1,67,77,216	1,67,77,216
512 × 512	41,94,304	41,94,304	41,94,304	41,94,304
256 × 256	10,48,576	10,48,576	10,48,576	10,48,576

Tabela 9 Desempenho em termos de potência

Tamanho da imagem	Número de potência necessária			
	Módulo DCT (μW)	**Módulo JPEG** (μW)	**Módulo de leucócitos** (μW)	**Algoritmo proposto para a BBC** (μW)
1024 × 1024	328	328	328	328
512 × 512	328	328	328	328
256 × 256	328	328	328	328

Tabela 10 Desempenho em termos de taxa de processamento

Tamanho da imagem	Número de taxa de processamento Necessário			
	Módulo DCT (ciclos/pixéis)	**Módulo JPEG** (ciclos/pixéis)	**Módulo de leucócitos** (ciclos/pixéis)	**Algoritmo BBC proposto** (ciclos/pixéis)
1024 × 1024	11	11	11	11
512 × 512	11	11	11	11
256 × 256	11	11	11	11

Tabela 11 Desempenho em termos de portas lógicas

Tamanho da imagem	Número de portas lógicas necessárias			
	Módulo DCT	JPEG Módulo	Módulo de leucócitos	Algoritmo proposto para a BBC
1024 × 1024	302	560	500	362
512 × 512	302	560	500	362
256 × 256	302	560	500	362

A figura 14 mostra o gráfico de barras do método existente e do método proposto em termos de tempo de processamento. A figura 15 mostra o gráfico de barras que representa o número de ciclos de relógio necessários. A figura 16 mostra o gráfico de barras que representa o número de energia necessária. A figura 17 mostra o gráfico de barras que representa o número de taxas de processamento necessárias.

Tabela 12 Análise comparativa da abordagem de compressão de imagem proposta

Esquema de compressão	Módulo DCT	JPEG Módulo	WBC Módulo	SPIHT	QTD	Wavelet de Haar	Algoritmo proposto para a BBC
Tipo de compressão	Perda	Perda	Perda	Perda	Perda	Perda	Sem perdas
Tecnologia (µm)	0.5	0.6	0.5	0.5	0.35	0.35	0.35
Tamanho da matriz	104 × 128	120 × 128	124 × 158	33 × 25	32 × 32	128 × 128	256 × 256
Processador Área (mm)^2	1.5	1.9	2.2	0.36	0.4	1.8	1.8
Potência (mW/chip)	80	22.2	20.2	2.5	70	26.2	12.2
Requisito de pós-processamento	Sim	Sim	Não	Não	Não	Não	Não

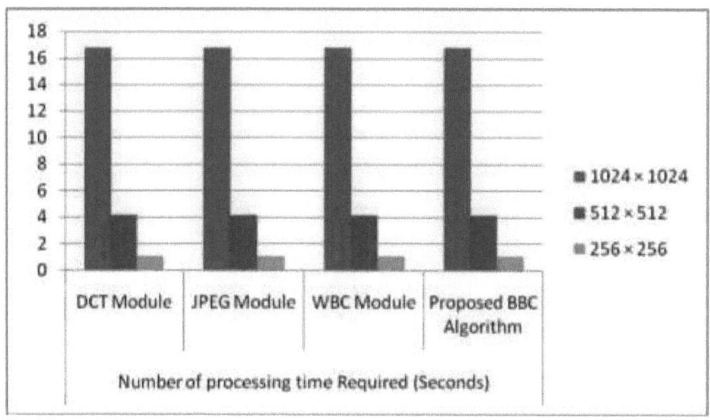

Figura 14 Gráfico de barras do desempenho em termos de tempo de processamento

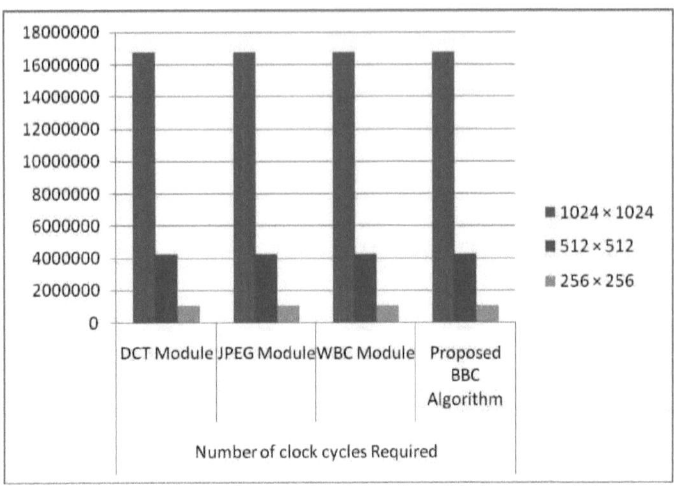

Figura 15 Gráfico de barras do número de ciclos de relógio necessários

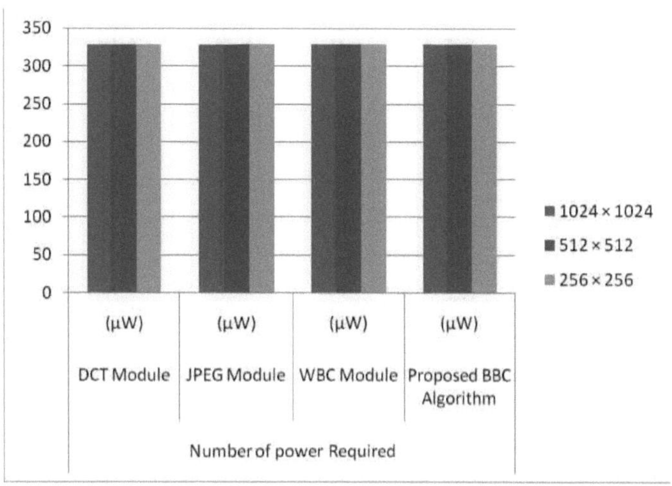

Figura 16 Gráfico de barras que representa o número de potências necessárias

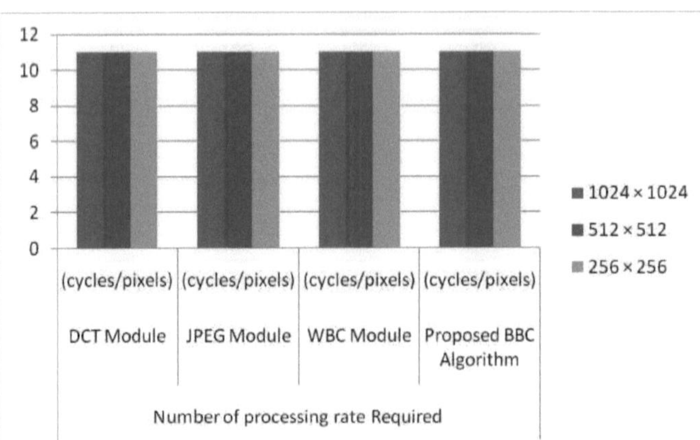

Figura 17 Gráfico de barras que representa o número de taxas de processamento necessárias

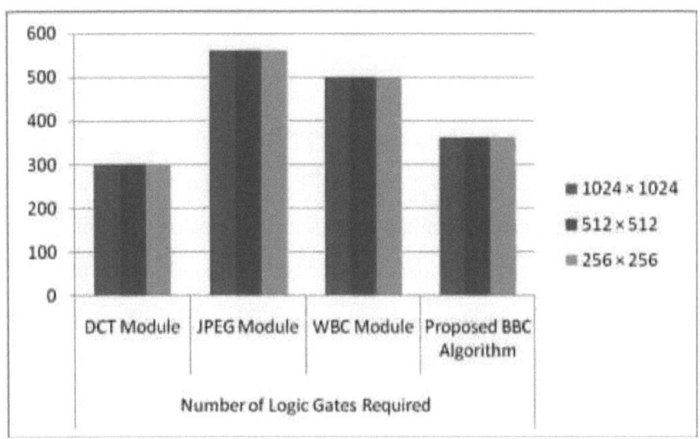

Figura 18 Gráfico de barras do número de portas lógicas necessárias

A tabela 12 compara o desempenho da abordagem proposta apresentada neste módulo com as abordagens anteriores apresentadas na comparação dos diferentes algoritmos não é tão óbvia porque os diferentes algoritmos utilizaram diferentes concepções, requisitos, complexidades de circuitos, custos de processamento, qualidade e resoluções de imagem. De qualquer modo, apresentámos aqui o relatório comparativo das diferentes arquitecturas VLSI dos métodos de compressão utilizados. Além disso, acrescentámos os pormenores da nossa nova abordagem proposta para o novo algoritmo de compressão BBC, a fim de analisar moderadamente os desempenhos em vários parâmetros. São envidados mais esforços para a análise comparativa de vários parâmetros e, em seguida, são apresentados os valores. No entanto, a abordagem proposta concentra-se sobretudo na compressão. A partir da Tabela 12, o nosso trabalho parece melhor em termos de potência necessária para efetuar a compressão de imagens em comparação com os métodos anteriores. Analisámos o desempenho de cada módulo utilizando parâmetros como a porta necessária, os ciclos de relógio necessários, a potência, a taxa de processamento e o tempo de processamento.

CAPÍTULO 10
CONCLUSÃO E TRABALHO FUTURO

Assim, o esquema de codificação diferencial baseado no algoritmo BBC utiliza o tamanho compacto dos bits à medida que a gama ativa é comprimida. O algoritmo BBC é utilizado para remover a redundância espacial. A qualidade da imagem aumenta ainda mais e requer menos espaço de memória. Isto melhora o valor PSNR. O valor BPP é reduzido. Assim, o aumento do PSNR e a diminuição dos valores BPP resultarão numa melhor qualidade da imagem. Por fim, os módulos são programados por meio de Verilog e depois sintetizados com a ajuda do software HDL ativo. Analisámos o desempenho de cada módulo utilizando parâmetros como a porta necessária, os ciclos de relógio necessários, a potência, a taxa de processamento e o tempo de processamento. Além disso, efectuámos uma análise do desempenho da arquitetura proposta com três imagens de tamanhos diferentes (256 × 256, 512 × 512 e 1024 × 1024). A partir da análise comparativa de todos os módulos anteriores, concluímos que o método proposto oferece um bom desempenho em termos de eficiência energética correspondente a 12,2 mW/chip.

O âmbito futuro do módulo é que a qualidade da imagem pode ser melhorada com um valor PSNR elevado utilizando outras técnicas de compressão.

REFERÊNCIAS

1. Ansari, MA & Ananda, RS 2009, 'Context based medical image compression for ultrasound images with contextual SPIHT algorithm', Advance Engineering Software, vol. 40, no. 7, pp. 487-496.
2. Artyomov, E & Yadid-Pecht, O 2006, 'Adaptive Multiple Resolution CMOS Active Pixel Sensor', IEEE Transaction on Circuits System I: Regular Papers, vol. 53, no. 10, pp. 2178-2186.
3. Bhuyan, M, Amin, N, Madesa, M & Islam, M 2007, 'FPGA Realization of Lifting Based Forward DWT for JPEG 2000', International Journal of Circuits, Systems and Signal Processing, vol. 1, no. 2, pp. 124-129.
4. Boliek, M, Gormish, MJ, Schwartz, EL & Keith, A 1997, 'Next Generation Image Compression and Manipulation using CREW', Proc. IEEE ICIP, vol. 3, pp. 39-47.
5. Calderbank, RC, Daubechies, I, Sweldens, W & Yeo, BL 1998, 'Wavelet Transforms that Map Integers to Integers', Applied and Computational Harmonic Analysis (ACHA), vol. 5, no. 3, pp. 332-369.
6. Cao, B, Li, YS & Liu, K 2004, 'VLSI architecture of MQ encoder in JPEG2000', Journal of Xidian Xuebao, vol. 31, no. 5, pp. 714-718.
7. Carlson, BS 2002, 'Comparison of modern CCD and CMOS image sensor technologies and systems for low resolution imaging', em IEEE Proc.Sens., vol.1, pp.171-176.
8. Chan, YT 1995, "Wavelet Basics", Kluwer Academic Publishers, Norwell, MA.
9. Chen, P 2004, "VLSI implementation for one Dimensional multilevel lifting based wavelet transform", IEEE Trans. on Computers, vol. 53, no. 4, pp. 386-398.
10. Muthukumaran. N & Dr. R. Ravi 2015, 'VLSI Implementations of Compressive Image Acquisition Using Block Based Compression Algorithm', International Arab Journal of Information Technology, vol. 12, no. 4, pp. 333-339.
11. Chenwei Deng & Weisi Lin 2012, 'Content based Image Compression for Arbitrary-Resolution Display Devices', IEEE transactions on multimedia, vol.14, no. 4, pp.1127-1139.
12. Chien, SY, Huang, YW, Chen, CY, Chen, HH & Chen, LG 2005, 'Hardware architecture design of video compression for multimedia communication systems', IEEE Commun. Mag., vol.43, no. 8, pp.123-131.

Printed by Books on Demand GmbH, Norderstedt / Germany